1893

STATISTIQUE AGRICOLE

DU FINISTÈRE

Le Sol et le Climat. — Les Cultures.
Les Animaux. — Engrais et Amendements. — Outillage.
Industries annexes.
Améliorations foncières. — Économie rurale.
Encouragements à l'agriculture.
Enseignement agricole. — Cultures maraîchères.

Par CHEVALIER

Professeur départemental d'Agriculture
du Finistère,
Chevalier de la Légion d'honneur et du Mérite agricole.

QUIMPER
TYPOGRAPHIE A. JAOUEN
—
1893

1893

STATISTIQUE AGRICOLE

DU FINISTÈRE

Le Sol et le Climat. — Les Cultures.
Les Animaux. — Engrais et Amendements.— Outillage.
Industries annexes.
Améliorations foncières. — Économie rurale.
Encouragements à l'agriculture.
Enseignement agricole. — Cultures maraîchères.

Par CHEVALIER

Professeur départemental d'Agriculture
du Finistère,

Chevalier de la Légion d'honneur et du Mérite agricole.

QUIMPER
TYPOGRAPHIE A. JAOUEN
1893

Statistique agricole du Finistère en 1893.

I. — Le Sol et le Climat.

Le département du Finistère est le 27° de la France pour l'étendue; sa superficie dépasse 670.000 hectares; sa population est de 725.000 habitants.

Le Finistère est divisé en 2 régions :

1° Le Léon et le Trégorrois, au nord des montagnes d'Arrée, comprennent les arrondissements de Brest et de Morlaix. C'est à peu près le versant de la Manche.

2° La Cornouaille, au sud des montagnes d'Arrée, se compose de l'arrondissement de Châteaulin resserré entre les montagnes d'Arrée et les montagnes Noires et des arrondissements de Quimper et de Quimperlé formant le Sud-Finistère, dont les eaux se rendent dans l'Atlantique. Cette ancienne division politique a toujours été conservée et correspond à des usages agricoles qui diffèrent, de même que les costumes, les habitations, etc.

Au point de vue *agronomique*, le Finistère présente plusieurs zones : c'est d'abord la *ceinture dorée* qui borde le littoral et doit son nom à une production de céréales de tout temps remarquée, c'est la région des engrais marins et elle peut donner, par la culture maraîchère, un revenu énorme.

Entre la ceinture dorée et les lignes ferrées de Landerneau à Paris et à Nantes et sur le cours in-

férieur des rivières, sauf dans les parties monta-
gneuses, la production des céréales dépasse encore
la moyenne de toute la France.

Les seigles et les avoines se trouvent en bordure
de largeur variable contre les froments et enfin
viennent, sur les sommets, les pâturages, les landes
et les bois.

Le caractère de la zone Nord est la prédominance
des céréales. La Cornouaille présente une plus forte
proportion d'herbages dans les arrondissements de
Quimper et Quimperlé ; dans celui de Châteaulin les
herbages sont encore plus abondants.

Climat.

Le littoral jouit d'un climat très doux et dans les
grands hivers où, à Paris, on a constaté 27°, — ici il
y a eu seulement 14°. — On rencontre en *pleine terre*,
à la côte, un grand nombre de résineux forestiers
ou d'ornement : le Pin maritime, le Riga, le Sylves-
tre, l'Insignis, le Pin du Lord Weymouth, le noir
d'Autriche, le Pinsapo, l'Abiès Douglasii, l'Epicéa,
le Sapin argenté, les Cèdres, le Séquoia, le Mélèze,
le Magnolia, les Rhododendrons, les Azalées, les
Camélias, quelques Eucalyptus, plusieurs variétés
de Lauriers, etc.

Le Chêne et le Hêtre sont les principaux feuillus
forestiers.

En se rapprochant du sommet des monts le climat
est naturellement plus froid.

La hauteur des pluies annuelles approche de
90ᶜ, mais il est à remarquer que dans la cein-

ture dorée et notamment aux environs du Faou, la quantité d'eau et le nombre des jours de pluie sont sensiblement moindres que dans le reste du département.

Les pluies sont plutôt fréquentes qu'abondantes; cette particularité, jointe à la douceur du climat, fait que les pâturages sont presque toujours verts, ce qui rend l'élevage facile.

Cette année, 1892, les fourrages, sans être abondants, ont suffi à l'entretien d'un grand nombre d'animaux actuellement à vendre, mais qui ne trouvent pas preneurs par suite de la sécheresse qui a sévi dans les régions qui viennent acheter ici.

Les vents régnants sont ceux de l'Ouest et du Sud-Ouest; ils sont parfois d'une violence extrême et du samedi 25 août au lundi 27, ils ont détruit sur la côte Sud de larges surfaces de blés noirs.

Les grêles sont rares.

Aperçu géologique.

L'arrondissement de Châteaulin, situé entre les montagnes d'Arrée et les montagnes Noires, est presque exclusivement composé de schistes ardoisiers avec quelques affleurements granitiques ou quartzeux.

Dans les deux autres régions, — Léon et Trégorrois (Finistère Nord), Cornouaille (Finistère Sud), — la constitution géologique est aussi très simple :

En bordure des montagnes d'Arrée et à peu près parallèlement on rencontre des granites, puis des schistes micacés et de nouveau des granites.

En bordure des montagnes Noires on trouve à l'Ouest les schistes micacés, puis les granites, de nouveau les schistes et enfin les granites.

Les matériaux de ces diverses formations se présentent tantôt en roches, dont deux variétés locales sont fort connues : le kersanton, exploité dans la rivière de Daoulas; la pierre de l'Aber, à la teinte rose et susceptible du plus beau poli. Tantôt la roche décomposée a donné des argiles ou des sables.

Les alluvions ont peu d'importance.

Chaux. — Des gisements de carbonate de chaux ont été depuis longtemps reconnus, notamment aux environs du Faou, de Plougastel-Daoulas, de Telgruc, de Châteaulin et de Saint-Ségal, et plus récemment au pied des montagnes Noires, au Nord.

Jusqu'alors l'agriculture n'a pas tiré grand profit de ces calcaires, mais une carrière, située près de Scrignac, alimente un four qui donne de bons résultats et livre par jour en moyenne 25 barriques de très bonne chaux; un autre situé à Port-Launay est moins important.

Aux environs de Carhaix, au lieu dit Pont-Pierre, existe un autre gisement et il y a lieu d'espérer que la difficulté actuelle: cherté d'extraction, pourra être écartée par la découverte de bancs facilement exploitables.

Composition des terrains.

D'après l'aperçu précédent il est facile d'établir que la composition des terrains du Finistère a pour

base des silicates d'alumine et de potasse à l'état
rocheux, terreux ou sablonneux ; un peu de fer, de
soude et de magnésie, mais qu'au point de vue agricole ils sont incomplets : la proportion d'acide phosphorique et de chaux étant trop faible.

Les améliorations devront donc porter sur les
drainages ou les desséchements ; sur les amendements qui diminueront les inconvénients de l'argile
ou des sables et enfin sur l'apport de l'acide phosphorique, de la chaux et celui moins général de l'azote
comme le prouvent les analyses chimiques suivantes
faites au laboratoire agronomique du Lézardeau.

	Quimperlé.	Riec.	Landerneau.	Plouiry.
Azote..	5.40 0/0	2.40 0/0	2.30 0/0	2.09 0/0
Acide phosphorique. . .	0.35	0.60	0.50	1.04
Chaux.	1.00	4.00	1.00	3.00
Potasse.	2.00	8.70	2.50	4.08

L'étude des engrais et amendements fera connaître
ce qui a été fait et ce qui se fait pour arriver à un
bon résultat.

Les eaux, leur importance, leur emploi.

Le département ne possède pas de grands cours
d'eau ; néanmoins il est fort bien arrosé par le Douron,
le Jarlot, le Queffleut, puis l'Élorn et la rivière de
Daoulas qui descendent des montagnes d'Arrée ;
par l'Aberwrach, l'Aberbenoît et l'Aber-Ildut qui
traversent les plaines ondulées de l'arrondissement
de Brest.

L'Aulne canalisée et ses affluents parcourent l'arrondissement de Châteaulin, et, enfin, le Goyen, le

Stéïr, l'Odet, ll'Aven, l'Isole et l'Ellé se jettent dans l'Océan Atlantique.

L'aménagement des eaux pourrait avoir une importance considérable, parfaitement comprise déjà dans de nombreux cantons où les irrigations sont pratiquées avec soin, généralement dans les hautes vallées où se trouvent les sources ; dans les terrains tourbeux le drainage s'impose d'abord.

Plus bas, par suite du morcellement du sol, il est présentement difficile d'augmenter les irrigations ; cependant on doit admettre que leur utilité est bien constatée.

Les cultivateurs distinguent les eaux en *froides* et *chaudes*.

Les eaux *froides* sont celles qui séjournent à peu près au niveau du sol et subissent des variations de température qui, à certaines époques, arrêtent la végétation et retardent beaucoup la fenaison tout en nuisant à la qualité de la récolte.

Les eaux chaudes proviennent de sources dont la température reste à + 10° ou + 11°. Elles sont employées avec soin partout où l'on peut les capter et et elles favorisent, même en hiver, la production d'herbages qui sont du plus grand secours, car on y fauche constamment.

Terrains incultes.

La superficie des terrains incultes est extrêmement importante, elle approche de 200.000 hectares répartis sur les sommets montagneux et constitue de mauvais pâturages et donne en plus des fougères, bruyères et ajoncs employés comme litières.

La quantité annuellement défrichée dépasse 1.000 hectares.

Parmi ces terrains il en est qui pourraient être reboisés et c'est ce qui a été entrepris par de grands propriétaires qui ont employé principalement le pin maritime, le Riga, le chêne et le hêtre.

Dans la plupart des baux, il existe des clauses prescrivant le défrichement; mais les fermiers s'y soumettent bien difficilement, parce que la lande leur paraît indispensable pour l'élevage du bétail et surtout qu'ils ne veulent pas s'astreindre à un travail duquel résulterait une augmentation de loyer.

Si les grandes entreprises de défrichement demandent un concours difficile de circonstances favorables il n'en est pas de même de la mise en valeur de certaines landes voisines des fermes. Elles sont reconnaissables à la végétation vigoureuse du genêt, de l'ajonc, de la fougère et dans leur voisinage immédiat se trouvent des champs, des prairies d'un bon rapport. Ici pas de dépenses fortes, le travail peut être fait petit à petit, à temps perdu, mais il n'en est guère entrepris que par le propriétaire; on dirait dans certains cas que le fermier a le respect de la lande.

II. — Les cultures.

Distribution des cultures.— La côte étant favorisée sous le triple rapport du climat, du sol et des engrais, c'est là qu'on rencontre les récoltes les plus riches. Elles occupent de larges sufaces dans les arrondissements de Brest et de Morlaix, moindres dans les autres.

Les *assolements* sont très variés, avec forte tendance à l'alternat.

Voici quelques exemples pris au hasard dans tout le département :

Plouigneau. — 1° Pommes de terre ; 2° froment ; 3° trèfle ; 4° froment. Le froment peut être remplacé par l'avoine, le trèfle ordinaire par l'incarnat, puis sarrazin.

Plouzévédé. — 1° Panais ou carottes ; 2° rutabagas ; 3° céréales ; 4° trèfle ; 5° avoines ; 6° racines ; 7° froment.

Plabennec. — 1° Racines ; 2° céréales ; 3° trèfle ; 4° céréales.

Lannilis. — 1° Racines ; 2° céréales ; 3° trèfle ; 4° céréales.

Sibiril. — 1° Racines ou sarrazin ; 2° froment ; 3° trèfle ou racines ; 4° orge.

Landerneau. — 1° Racines ; 2° froment ; 3° avoines ; 4° racines ; 5° froment ; 6° trèfle ; 7° froment.

Rosnoën. — 1° Racines ou sarrazin ; 2° céréales ; 3° trèfle ; 4° froment ; 5° avoines.

Saint-Ségal. — 1° Racines ou sarrazin ; 2° céréales ; 3° trèfle ray-grass ou vesces ; 4° céréales.

Pouldergat. — 1° froment ; 2° trèfle ; 3° pâture ; 4° céréales ; 5° choux ; 6° céréales ; 7° racines.

Douarnenez. — 1° choux ; 2° froment, colza ou orge ; 3° trèfle ; 4° froment ; 5° choux tardifs et pommes de terre ; 6° froment ; 7° betteraves ; 8° froment.

Penhars. — 1° Racines ; 2° céréales ; 3° trèfle fauché ; 4° trèfle pâturé ; 5° pâtures ; 6° céréales.

Ergué-Gabéric. — 1° Racines et blé noir ; 2° céréales ; 3° trèfle ou colza et seigle à couper, puis racines ; 4° céréales.

Concarneau. — 1° racines ; 2° céréales ; 3° trèfles et ray-grass ; 4° pâtures ; 5° céréales.

Melgven. — 1° Racines ; 2° céréales ; 3° trèfle ou sarrazin ; 4° pâtures ; 5° céréales.

Variétés cultivées.

Froment. — Étendue cultivée 60.000 hectares.

Le Finistère possède, de temps immémorial, des blés barbus qui ont le grand avantage de pouvoir résister aux hivers et d'être ensemencés même au printemps, ce qui est précieux vu la récolte tardive des panais, choux et rutabagas.

Sur certains points de la côte, ces blés ont fréquemment donné 3.000 kilog. à l'hectare, l'hectolitre pesant près de 80 kilogrammes.

En raison de l'amélioration du sol par la culture et les engrais, le froment est devenu sujet à la verse et comme on le verra à l'article champs de démonstration, il a été essayé de nombreuses variétés à grand rendement qui ont donné des résultats contradictoires.

Il est cependant possible de dire que les récoltes vont en augmentant par hectare et que les surfaces ensemencées s'étendent beaucoup. Des terres considérées, il y a peu d'années, comme ne pouvant produire que du seigle, donnent actuellement de beau froment.

Procédés de culture. — La plupart des cultivateurs ensemencent sur un seul labour de profondeur variable selon l'importance de la couche arable : la fumure ayant été mise pour la récolte des racines il ne reste qu'à appliquer l'engrais complémentaire qui diffère, comme nous le verrons, suivant les régions.

Le grain est recouvert à la herse et rarement roulé.

Dans le Léon, où les terres ont été défoncées pour la culture du panais, la préparation est bien meilleure, mais la semaille est tardive. Enfin, dans les localités de plus en plus nombreuses, l'emploi des bonnes charrues modernes détermine une parfaite préparation des terres.

Les semailles à la volée sont encore très usitées ; cependant le semoir est très répandu, notamment dans le Nord du département, d'où la culture en billon a presque disparu.

Au printemps on sarcle à la main et les principaux moyens employés pour le nettoyage des terres consistent dans l'alternance des récoltes et la culture des racines.

La moisson s'exécute à la main principalement, peu à la faux ; aucune moissonneuse mécanique n'existe dans le Finistère.

Aussitôt les javelles sèches, on les lie en petites gerbes que l'on forme en meulons sur le champ. Au bout de quelques jours les meulons sont amenés sur une aire en argile battue, au voisinage de la maison et égrenés le plus généralement à la machine à manège ; les machines à vapeur sont rares ; il n'y a pas de granges et on conserve très peu de meules.

Les grains sont portés au grenier ou conduits au marché. Vers le 1ᵉʳ janvier, il en reste fort peu entre les mains des producteurs.

Il existe des marchés dans la plupart des cantons et les denrées y sont vendues sur échantillons ou par petites quantités.

Un mode très répandu est l'arrangement de gré à gré au domicile de l'acheteur.

Les *mercuriales* sont établies d'après les déclarations faites sur les marchés aux agents des mairies, elles peuvent présenter quelques irrégularités peu importantes.

La jachère cultivée a disparu. Le terrain s'enherbant facilement, le pâturage temporaire en tient place.

Seigle. — La surface en seigle est importante : 30.000 hectares. Sa production moyenne est de 20 hectolitres à 72 kilogr. Le seigle entre pour une part très importante dans l'alimentation du département. Il n'en existe qu'une variété. Le seigle Schlanstedt a assez bien réussi au début, mais sa dégénérescence arrête l'extension de sa culture.

Méteil. — Culture très restreinte et décroissante, limitée à quelques communes du Nord du département : 7.000 hectares.

Avoine. — Surface ensemencée : 55.000 hectares.

Deux variétés principales sont cultivées dans le Finistère :

1° L'avoine grise d'hiver, dont le principal débouché est Bordeaux ;

2° L'avoine noire de printemps, dont le principal débouché est Paris.

Les cultivateurs ayant constaté le meilleur rendement obtenu par les semailles hâtives, avançaient d'année en année l'ensemencement des avoines noires et étaient arrivés à les considérer comme aussi résistantes que les grises ; mais ils ont été cruellement détrompés par les deux derniers hivers qui ont détruit d'importantes emblavures.

Orge. — Surface ensemencée : 15.000 hectares.

La culture de l'orge n'est pratiquée que sur le littoral : 1° pour la nourriture des familles de pêcheurs et 2° pour l'exportation, principalement par les ports de Morlaix et de Pont-l'Abbé, à destination de Dunkerque et de l'Angleterre.

La culture de l'orge de brasserie a été tentée, mais a peu réussi jusqu'alors. Les brasseries locales achètent des malts et ne consomment que peu d'orges prises sur place ; d'un autre côté, les faibles quantités produites expérimentalement ne trouvent pas facilement preneurs.

Sarrazin. — Superficie ensemencée : 35.000 hectares.

Le sarrazin peut être considéré avec le seigle et la pomme de terre comme faisant la base de l'alimentation rurale. Son ensemencement est préparé avec soin, il a la plus grande part des engrais chimiques.

La variété à arêtes anguleuses est plus répandue que la sphérique.

Pommes de terre. — Surface ensemencée : 23.000 hectares.

La culture de la pomme de terre est fort importante; elle comprend : 1° la production des variétés hâtives, pour la région et pour l'exportation; 2° la production des variétés tardives, dites de provision.

Ce sont les variétés propres à l'alimentation de l'homme qui sont l'objet de la plus grande culture; cependant les variétés nouvelles dites à grand rendement sont l'objet de nombreux essais et il règne une certaine préoccupation au sujet de la fabrication possible de l'alcool et de la fécule. Des conférences ont été demandées sur ce point.

Voici les principales variétés mises en expérience :

Paulsens Simson, Apasia, Van den Veer, Magnum Bonum, Géante Bleue, Merveille du Canada, Richter Imperator, Institut de Beauvais, Séguin, Champion, Chardon, Éléphant blanc, Early rose, Tanguy, Camplad.

Les résulats ont varié : telle pomme de terre qui a bien réussi à Morlaix, s'est trouvée médiocre à Douarnenez, etc., etc.

Les variétés hâtives seront mentionnées à l'article de la culture maraîchère qui qui a une grande importance en ce pays.

Betteraves. — Superficie : 10.000 hectares.

La betterave fourragère est seule cultivée; elle donne de beaux résultats, souvent plus de 80.000 ki-

logr., à l'hectare. L'ovoïde des barres, la manmouth et le tankard sont préférées, puis viennent la globe jaune et la disette.

Panais. — 9.000 hectares. — 40 à 50.000 kilogr. à l'hectare.

La culture du panais est particulièrement au Nord du Finistère; elle exige des défoncements que l'on pratique ainsi : une forte charrue passe et dans le fond du sillon on donne un bon coup de bêche ou l'on passe une charrue défonceuse.

Il y a là une assez forte dépense qui nuit à l'extension de cette culture; mais les bons éleveurs de chevaux et les engraisseurs de bœufs, en raison de la qualité du panais, n'hésitent pas à faire le nécessaire pour en obtenir d'assez fortes quantités.

Rutabagas. — 11.000 hectares; rendement moyen 40,000 kilogr. à l'hectare.

Le rutabaga forme une ressource fourragère des plus importantes et sa culture se développe d'année en année; c'est la plante des défrichements et avec un peu de phosphate on obtient sur le premier labour une bonne récolte; son seul inconvénient est de rester en terre assez tard pour pouvoir gêner l'ensemencement du froment d'hiver.

Carottes. — 2.000 hectares; rendement moyen 30.000 kilogr.

La carotte fourragère se cultive de plus en plus, mais lentement, en raison des difficultés et du prix de sarclage; elle ne satisfait pas tous les cultivateurs. Les carottes rouges sont également cultivées en dehors de la culture maraîchére, mais dans les sables très bien fumés de la côte, où leur rendement est rémunérateur.

Parasites.

Rouille. — La rouille se montre fréquemment, surtout pendant les années pluvieuses, dans les terres qui ont besoin d'être *drainées*.

Les froments recommandés comme résistant à cette maladie en ont été atteints tout comme les autres.

La perte causée par la rouille a été à peu près nulle en 1892 ; mais en 1890, le dixième de la récolte, au moins, a manqué soit une somme dépassant 1.800.000 francs.

Il est à noter que l'épine vinette est excessivement rare dans le Finistère.

Ergot. — Les ravages causés par l'ergot peuvent être négligés.

Charbon. — Le charbon apparaît presque tous les ans, mais ses dégâts sont moins importants : quelques épis de distance en distance, à peu près le millième de la récolte, soit une valeur de 18.000 francs.

Carie. — La carie est assez fréquente et cause sensiblement la même perte que le charbon : comme lui elle réclame une bonne préparation des semences, l'emploi du trieur et du sulfatage ou du chaulage.

Taupin. — Le taupin est fréquemment observé et ne peut guère être détruit que par les labours d'hiver et l'alternance des cultures. Certains domaines y sont fort exposés. Dans le courant de la présente année il m'a été affirmé que l'emploi du nitrate de soude l'avait fait disparaître et ailleurs on m'a soutenu que cet engrais amenait avec lui l'insecte.

La perte causée par le taupin dépasse 100.000 fr.

Ver blanc. — Le ver blanc a causé quelques ravages et provoqué l'emploi du procédé Le Moult. Sur plusieurs domaines le succès a été complet et ne s'est point borné à la destruction de l'insecte sur les pièces de terre traitées mais il a gagné les surfaces voisines. Comme autres moyens on a employé les chiens, la volaille, l'écrasement ; les fréquents labours donnent d'excellents résultats.

La perte causée par le ver blanc doit approcher de 50.000 francs.

Maladie des pommes de terre. — Le plus redoutable fléau qui attaque les végétaux du Finistère est sans contre dit le phytophtora infestans et malheureusement il n'y a pas lieu d'espérer, dans un avenir prochain, le traitement préventif indispensable pour lutter contre la maladie.

Depuis trois ans toutes les sociétés sont au courant de ce qu'il y a à faire pour la résistance, la plupart d'entre elles ont reçu le sulfate de cuivre nécessaire à des essais dont les résultats ont été concluants. Les journaux, les conférences ont vulgarisé le remède et malgré cela il y a lieu de redouter qu'à la prochaine année pluvieuse nous n'éprouvions des pertes considérables. Dans de nombreuses localités il y aura des essais de défense, mais la plupart seront entrepris après l'invasion de la maladie c'est-à-dire trop tard et la perte de un quart de la récolte ne se chiffrera pas par moins de 2 à 3 millions de francs.

Anthonome. — L'action malfaisante de l'anthonome est bien connue et déjà bon nombre de cultivateurs comprennent l'importance de sa destruction.

Le procédé le plus employé est le chaulage du tronc et des grosses branches avec addition de sulfate de cuivre ; dans tous les cantons intéressés des conférences ont fait connaître l'utilité du raclage des mousses, mais il faut reconnaître que l'on s'en tient à l'action de l'eau de chaux.

Quelques petites pompes avaient été distribuées pour la pratique des arrosages; elles n'ont pas donné satisfaction ; quant à les remplacer par les pulvérisateurs la dépense crée une grande difficulté.

Le secouage des arbres ne donne que de bien petits résultats ; l'électricité employée comme essai dans le voisinage du Finistère ne m'a pas semblé devoir être mentionnée pour le moment.

Il est bien difficile d'évaluer les pertes causées par l'anthonome. Cette année elles sont à peu près nulles; mais précédemment les 3/4 de la récolte ont été détruits, ce qui ferait année moyenne, plus de 3 millions de francs.

	Rouille.	1.800.000
Récapitulation	Charbon et carie.	36.000
des	Taupin.	100.000
pertes causée par	Ver blanc.	50.000
les parasites.	Peronospora.	2.500.000
	Anthonome.	3.000.000
		7.486.000

III. — Les animaux.

I. — Espèce chevaline

L'élevage du cheval a une importance extrême dans le Finistère ; le nombre d'existences dépasse 120.000.

La production comprend : 1° le carrossier ; 2° le cheval de gros trait ; 3° le postier ; 4° le cheval de trait léger ; 5° le petit cheval de service connu sous le nom de bidet ; 6° le cheval de cavalerie légère.

Carrossier — Le carrossier porte le nom de cheval de Saint-Pol-de-Léon où son élevage a commencé, il y a une trentaine d'années, par le croisement de juments du pays avec des chevaux du dépôt de Lamballe. Si au point de vue de l'énergie, ses qualités étaient à peu près constantes, il faut dire que la ligne du dos et les aplombs laissaient souvent à désirer.

Actuellement le dos est meilleur et le tendon aussi, mais il faudra encore beaucoup de soins dans les accouplements pour arriver à un type bien uniforme et bien établi.

Le carrossier se retrouve encore au sud de Landerneau, vers Daoulas, Le Faou, Rosnoën.

Chevaux de trait. — Les chevaux de trait s'élèvent depuis la limite des Côtes-du-Nord, vers Plouigneau et Lanmeur, jusqu'à l'Océan, sur les territoires de Morlaix, Saint-Thégonnec, Plouzévédé, Landivisiau. A partir de là, la race devient plus légère vers Lesneven, Landerneau, Lannilis et Saint-Renan.

En résumé, le cheval de trait du Nord-Finistère est lourd à l'Est, moyen au Centre, plus léger et souvent bon trotteur à l'Ouest.

La tendance est de produire des chevaux très énergiques pouvant trotter avec de très fortes charges.

Postiers. — Sur la limite de l'élevage du carrossier et du cheval de trait on trouve sous le nom de postiers d'excellents chevaux de taille moyenne ou un peu au-dessus. Le commerce les recherche beaucoup en raison de leurs allures et de leur vigueur; mais, en plus, il est à signaler que ce groupe a une action importante dans l'amélioration de nos races de trait : tous les ans à Landerneau l'administration des haras achète environ 15 étalons de ces Norfolks bretons et les départements du Nord et de l'Est en prennent une cinquantaine également pour la reproduction.

Nous venons de parler de l'élevage dans la partie la plus fertile du département; ici les poulinières et les produits sont soumis à la stabulation permanente. L'allaitement dure quatre mois et alors toute la cavalerie de la ferme est entretenue au même régime et reçoit souvent des pâtées qui produisent un véritable engraissement non sans analogie avec celui du bœuf.

Il y a même parmi les cultivateurs des spécialistes pour l'engraissement, ils recherchent dans tout le département les chevaux maigres, les enferment dans des locaux étroits et obscurs et là en trois semaines ou un mois, au moyen de panais cuits, de pommes de terre, de son, d'orge, leur donnent une corpulence qui facilite la vente.

A part les localités citées plus haut les foires les plus importantes se tiennent à La Martyre, Folgoët, Gouesnou, Morlaix ; dans cette ville la « foire haute » réunit près de 4.000 animaux.

La vente a lieu depuis le sevrage jusqu'à 3 ans 1/2 ou 4 ans ; les chevaux de plus de 4 ans sont extrêmement rares.

Les éleveurs du Finistère sont très doux pour leurs chevaux et il en résulte que le dressage est chose facile ; jamais les acheteurs ne stipulent la condition d'essai, même pour les chevaux qui vont être mis immédiatement en service ; la précaution est considérée comme inutile. Le cheval breton est naturellement bon travailleur.

Cheval d'artillerie ou de trait léger. — Ce cheval se produit vers Châteaulin, Pleyben, Châteauneuf, Carhaix, Briec, Rosporden, Bannalec, Concarneau et Pont-Aven.

Le cheval d'artillerie est d'un élevage facile, il travaille très jeune et ne dépense pas beaucoup ; du reste ce modéle est recherché pour une multitude de services, ce qui en assure la vente.

Petit cheval ou bidet. — Le petit cheval se rencontre le long de la montagne d'Arrée ; dans la presqu'île de Crozon, dans la région de Pont-Croix, Plogastel, Pont-l'Abbé, Fouesnant et Briec ; il ne représente qu'exceptionnellement l'ancienne race bretonne pure, les croisements ont encore été employés ici et avec des résultats différents.

Le petit cheval avait d'importants débouchés sur l'Espagne ; mais par suite d'une élévation de plus de

100 francs par tête sur les droits d'entrée, la demande a considérablement diminué et se borne aux besoins des mines et à la traction des voitures légères en France.

Cheval de cavalerie. — Le cheval de selle a été obtenu dans le Sud-Finistère, par l'introduction répétée des étalons de sang. La période la plus pénible pour les cultivateurs a sans doute disparu ou tend à disparaître, car les bonnes juments ne sont pas rares dans le pays, malgré le mauvais calcul des éleveurs qui ne les conservent pas.

Ce qui fait le mérite du cheval de selle du Sud-Finistère, c'est son élevage qui diffère totalement de celui du Léon. Ici, point de pâtées, point de stabulation permanente : la liberté, le grand air ; pour ration l'herbe du pâturage, avec un mince supplément le soir et c'est tout. Il est naturel qu'avec un semblable régime on obtienne des chevaux robustes, mais de taille souvent insuffisante.

Les cantons de Daoulas et du Faou, indépendamment des carrossiers, qui gagnent souvent le Léon, donnent avec Châteaulin, Quimper, Coray, Scaër, Bannalec, Rosporden, le bon cheval de selle.

Vers Carhaix a existé de tout temps un bidet infatigable, de petite taille, on a essayé de le grandir avec des chevaux de sang ; vers 1860 une autre tentative a été faite avec des chevaux arabes provenant des chasseurs de la garde. Aujourd'hui ces origines sont diversement apparentes et à part quelques chevaux vendus à la remonte pour l'usage de la cavalerie, le reste se disperse un peu partout pour le service des voitures légères.

Chevaux de trait du Sud-Finistère. — Quimperlé, Moëlan, Arzano, élèvent des chevaux de trait qui ne possèdent pas de caractères particuliers, ils suffisent aux besoins de la culture et s'exportent sur Lorient et le] Midi.

Sociétés hippiques. — Les Sociétés hippiques sont au nombre de cinq :

1° La société de Lesneven, qui a pour but la production du postier et la reconstitution du cheval de trait.

2° La société de Saint-Thégonnec, qui s'occupe de l'amélioration du cheval de trait.

3° La société de Saint-Pol-de-Léon, qui s'occupe de la production du cheval de carrosse.

4° La société hippique de Brest a principalement en vue le dressage du cheval.

5° La société de Morlaix, de création récente, doit s'attacher à faire progresser l'élevage de toutes les races de chevaux.

Le nombre des sociétés hippiques peut paraître considérable, mais si l'on envisage que l'État ne fournit actuellement au département que moins du quart des étalons, on comprend l'utilité des sociétés locales qui peuvent diriger les cultivateurs dans la voie la meilleure.

II. — Espèce bovine

Le département du Finistère possède environ 400.000 têtes de bétail; pour le nombre il est le premier de toute la France.

Race pie-noire. — Les arrondissements de Quimper, de Quimperlé et de l'Ouest de celui de Châteaulin élèvent la petite race *pie-noire*, que l'on nomme aussi race de Cornouaille et qui est connue généralement sous le nom de race bretonne. Elle s'exporte dans tous les pays où le peu d'abondance des fourrages ne permet pas l'entretien des grandes races.

La vache pie-noire vit au pâturage et souvent dans la lande ; elle est élevée sur des terrains peu fertiles, elle est rustique, son lait est riche en beurre et dans certains cas la production en est abondante.

Ce dernier point a été très discuté : pour certains observateurs, la vache pie-noire ne donnerait que 2 litres ou 2 litres 1/2 en moyenne ; pour d'autres elle en fournit 6, quelques-unes ont donné pendant quelque temps 15 litres. Cette grande différence de production tient à une non moins grande différence d'entretien. Toutes les vaches qui ne donnent que 2 litres ou 2 litres 1/2 ont une nourriture insuffisante, et le rendement de près de 5 litres doit être considéré comme pouvant être obtenu dans toutes les bonnes fermes qui nourrissent convenablement les animaux.

La race pie-noire est d'un élevage facile, souvent les veaux sont sevrés à 3 ou 4 semaines et vont ensuite chercher, au pâturage, leur nourriture sans recevoir de ration particulière.

Les marchands du Midi viennent acheter les bêtes prêtes au veau et à leur arrivée elles se trouvent dans les conditions suivantes : nourriture abondante et souvent stabulation complète ; la vache n'est point livrée à la reproduction, quand son lait tarit elle est assez grasse pour la boucherie et on la remplace par une autre laitière arrivant de Bretagne; il y a donc ainsi un débouché constant.

On a cru à différentes époques pouvoir remplacer la race pie-noire par une plus productive et on a essayé divers croisements (Ayr, durham, normand, nantais, suisse) qui ont complètement échoué.

Il y a quelques années, la race était par croisement ou métissage, considérée comme détruite; mais la société du herd-book breton a pu faire constater que sur certains points la race pure existait encore, elle en a signalé les caractères dans toute la région; actuellement, c'est par sélection que l'on opère et le résultat est satisfaisant.

Le beurre de Cornouaille est généralement fabriqué avec soin et estimé; sa vente ne reste pas limitée aux villes de la région, mais il s'expédie en Angleterre, surtout dans l'Ouest : Liverpool, Manchester, Birmingham... Les négociants de la région de Quimper en exportent pour près de 3.000.000 francs.

Des beurreries mécaniques existent à Quimperlé (2), Rosporden, Pont-Croix, Douarnenez (2), Kerliver et Châteaulin.

Race du Léon. — Le Léon a élevé pendant longtemps une seule race qui, en raison de son pelage couleur des blés mûrs, avec taches blanches à la tête, aux pieds et aux flancs, porte le nom de race froment.

Les animaux de la race froment sont d'assez

grande taille, à os saillants. Leur conformation s'éloigne beaucoup de celle recherchée pour les bêtes de boucherie, mais c'est une excellente race laitière, à peau fine, à mamelles développées ; elle a été exportée à Guernesey, où elle a contribué à former une des meilleures laitières du monde.

Pendant un certain temps l'Angleterre a recherché dans le Finistère des animaux de boucherie et les Léonards ont introduit dans leurs étables la race Durham ; l'ancienne race laitière ne se retrouve actuellement que dans les environs de Brest, et à l'état d'exception dans les cantons de Saint-Renan, Lannilis, Lesneven et Plouescat.

A l'époque de l'entretien de la race froment, la production laitière était abondante ; actuellement les conditions ont changé : le beurre n'est préparé qu'à de longs intervalles et sa qualité étant généralement défectueuse, il en résulte une mauvaise vente. La ville de Morlaix en fait un grand commerce ; son chiffre d'affaires sur cet article dépasse 6.000.000 francs, son principal débouché est le Brésil ; la concurrence faite par les pays du Nord prescrit une meilleure fabrication et déjà des beurreries nouvelles s'installent autour de Morlaix et même dans Morlaix et prochainement le collège de cette ville possèdera une école de laiterie.

Actuellement il existe une beurrerie mécanique à Morlaix, une à Carhaix, une à Scrignac, une à Plougonven, une à Ploujean, une à Plabennec (Leuhan) et nul doute que l'exposition de laiterie qui a eu lieu à Morlaix, en octobre 1892, ne décide d'autres cultivateurs à améliorer leur fabrication.

Race Durham. — L'arrondissement de Morlaix, l'Est de celui de Châteaulin et une bonne partie de l'arrondissement de Brest élèvent le Durham et précédemment ont été exposées les circonstances qui l'y ont amenée. Dans certaines étables on trouve le Durham pur, mais dans la majorité on rencontre des croisements ou des métissages à tous les degrés qui donnent des profits différents, généralement faibles, par suite de la fermeture du marché anglais et de l'éloignement de Paris.

Si la production laitière s'impose, il sera difficile de conserver cette race.

Travail. — Le travail des bovins est exceptionnel dans le Finistère.

Engraissement. — A côté de l'élevage du bétail et de l'industrie laitière, le Finistère fait d'importantes opérations d'engraissement, dont le principal centre est vers Sizun, Commana, Carhaix; mais, à toutes les foires, on trouve des animaux gras.

Il est à remarquer qu'ils n'appartiennent pas seulement à la race Durham et à ses croisements, qui dépassent le poids vif de 600 kilogr., mais aussi aux autres races.

Le bœuf de la race pie-noire est beaucoup plus fort que la mère; il atteint facilement 500 kilogr. Souvent des environs de Quimper il est dirigé jeune sur Pleyben, où il séjourne un an, puis va rejoindre, chez les engraisseurs dont nous avons parlé, les produits de tout le département.

Le procédé d'engraissement est le même dans tout le pays. Les bœufs de 3 ou 4 ans, en chair, continuent à fréquenter les meilleurs pâturages jusqu'aux derniers beaux jours; la ration au ratelier augmente petit à petit; l'étable est maintenue chaude; aux mauvais temps les animaux ne la quittent plus et reçoivent : foin, choux, betteraves, rutabagas, panais, farines de sarrazin, d'orge et son; les tourteaux ne sont pas employés.

La vente des animaux gras commence fin novembre pour se poursuivre jusqu'en avril; leur augmentation journalière est de 800 grammes environ; la ration ne serait donc pas payée plus de 50 à 60 centimes. Le rendement en viande varie de 50 à 60 pour 100, rarement plus.

Les veaux de boucherie sont abattus fort jeunes, au poids de 25 à 40 kilogr.; le plus souvent ils ne produisent que 50 du cent.

Les vaches donnent également un faible rendement (50 0/0); elles ne sont livrées à l'abattoir qu'épuisées par l'âge et la lactation.

Poids vif moyen : Cornouaille, 230 kilogr.; Léon, 340 kilogr.; Durham, 360 kilogr.

Naissances. — En raison de la nécessité du lait pour l'alimentation, les naissances s'échelonnent toute l'année.

Améliorations. — Les améliorations les plus pressantes doivent consister : 1° dans l'élevage des races pures et une sélection attentive; 2° l'amélioration des habitations; 3° la production fourragère, c'est-à-dire l'amélioration de la ration; 4° l'industrie laitière paraît devoir utilement prendre un grand développement.

III. — Espèce porcine.

Existences : 103.000 têtes. — La viande de porc entre pour une grande part dans l'alimentation du Finistère; aussi sa production est-elle répandue sur tout le département et elle est l'objet d'un grand commerce pour les salaisons industrielles qui se font à Morlaix avec les porcs du Léon et du Trégorrois; ceux de la Cornouaille sont expédiées sur Nantes, Paris, Brest et exceptionnellement Bordeaux.

Le porc du Finistère a été amélioré par des croisements avec les races anglaises, les blanches principalement et aussi par la race de Craon. Il existe encore, dans tous les cantons, de nombreux porcs à tête longue, dos voûté, corps étroit, haut sur jambes; mais, en général, la race porcine est assez bien conformée et précoce. Peut-être y a-t-il trop de tendance à primer dans les concours les grandes races, à lard épais et peu savoureux ? Nous aurons à revenir sur ce point, qui a de l'importance en ce qui concerne les salaisons et les exportations pour l'Angleterre.

IV. — Espèce ovine.

Existences : 80.000 têtes. — Le mouton étant l'animal des terrains et climats secs ne saurait occuper une très grande place dans l'élevage du Finistère; aussi les variétés qui y sont entretenues sont-elles des plus rustiques et ne les rencontre-t-on que sur les dunes et dans les terrains rocailleux ou sablonneux.

Les unes sont blanches, à tête, ventre et pieds

nus, à laine grossière; d'autres ont la face et les pieds noirs; enfin on en rencontre de complètement noirs.

Dans la plupart des cas, la chair est médiocre, l'engraissement n'est pas pratiqué avec soin. Poids vif, moyen, 25 kilogr.; poids net, 15 kilogr.

Les principaux pays de production sont la région des caps, la presqu'île de Crozon et Châteauneuf. Il est à remarquer qu'après une diminution qui a duré pendant plusieurs années l'élevage du mouton reprend assez rapidement et que depuis quelques mois l'approvisionnement de la boucherie est devenu beaucoup plus facile.

Sur certains marchés le mouton se retrouve après avoir complètement disparu; la cause en est dans l'élévation des prix de la viande; le commerce de la laine est peu développé, elle est généralement employée par les fermiers.

IV. — Les engrais et les amendements.

A. ENGRAIS. — *Production du fumier.* — D'après ce qui a été dit de l'entretien et du rationnement du plus grand nombre des animaux, il est facile de conclure que les fumiers sont de qualité moyenne et que la *quantité produite* ne dépasse pas par animal adulte 8 mètres cubes par an, soit pour 500.000 têtes 4.000.000 de mètres cubes utilisés sur près de 300.000 hectares, soit 13 mètres cubes par hectare, ce qui est complètement insuffisant.

Mais de plus, il y a lieu de tenir compte que malgré

3

les efforts soutenus des sociétés agricoles et de toutes les personnes qui s'intéressent à l'agriculture, les fosses à purin sont très peu nombreuses, les matières mal entassées et que les *pertes* peuvent être évaluées à un tiers ce qui ramènerait la fumure annuelle à 9 mètres cubes par hectare représentant à 400 kilogr. le mètre, une fumure annuelle de 3.600 kilogr., quantité trop faible.

Sur ce point les *améliorations* à réaliser devraient consister en soins des litières, construction de fosses ou plate-formes à fumier, fosses à purin, soin des fumiers, augmentation des rations, fabrication de composts pour l'utilisation de tous les déchets de la ferme.

B. ENGRAIS COMPLÉMENTAIRES. — Les engrais complémentaires sont très employés, ils consistent en phosphates variés, superphosphates, nitrate de soude, guano.

La quantité de phosphates de diverses provenances est d'environ 35.000 tonnes à 60 francs, ce qui dépasse 2 millions de francs. Dans la Cornouaille les phosphates sont employés sur toutes les terres; dans le Léon on en donne beaucoup aux prairies; on estime que le supplément de foin qui résulte de leur emploi, ne revient pas, année commune à plus de 20 francs la tonne.

On emploie sur les terres 100 kilogr. d'acide phosphorique pour 3 ans.

Le *superphosphate* de chaux est beaucoup moins employé et si le phosphate est l'engrais complémentaire des terres acides et nouvellement mises en culture, le superphosphate est réservé aux vieilles terres, principalement pour la culture des céréales.

On en met la moitié ou les 2/3 du poids du phosphate. Il coûte 90 francs la tonne, la quantité achetée ne dépasse pas 100.000 francs annuellement.

Nitrate de soude. — Dans le Finistère le nitrate de soude a donné des résultats différents : généralement il a poussé à la production de la paille seulement; dans certains cas, il a coïncidé avec une assez forte augmentation de rendement en grains. La quantité employée se tient aux environs de 100 kilogr. à l'hectare, produisant au mieux un surcroît de 2 à 3 hectolitres de récolte, mais le remboursement du nitrate est loin d'avoir été assuré dans tous les cas ; son usage ne dépasse pas 1.200 tonnes, valant 384.000 francs. En 1892 et 1893 son action a été nulle.

Guano. — Les guanos et les phospho-guanos s'emploient principalement dans la vallée de l'Élorn et un peu sur toutes les cultures. Leurs résultats sont variables et leur emploi tend à diminuer pour faire place aux phosphates. La qualité de la denrée est peu régulière.

Le *phosphate de scories* s'emploie de plus en plus. Le *sulfate d'ammoniaque* est délaissé.

L'emploi des engrais complémentaires a décuplé au cours de la dernière période décennale ; il a eu une influence qui ne saurait être estimée à moins de 2 hectolitres à l'hectare sur les céréales, soit 5 millions de francs par an. En ce qui concerne les racines fourragères et les prairies, les services rendus sont encore plus considérables.

AMENDEMENTS EMPLOYÉS. — Ces amendements sont les sables calcaires, tangues, trez, maërl et la chaux.

L'emploi efficace de ces matières est connu depuis des temps séculaires et le travail qui a consisté à extraire les sables de mer pour les transporter dans l'intérieur des terres, souvent à la distance de 25 et 30 kilomètres et plus, sans chemins, avec de mauvais équipages, peut être considéré comme un des plus importants travaux de l'homme.

Les calcaires qui se déposent sur le littoral de la Manche contiennent indépendamment de leur carbonate de chaux, une quantité souvent appréciable de matières organiques.

Ces calcaires portent différents noms :

1° *Tangue* ou vase de mer.

ANALYSES (Isidore Pierre) :

	Matières azotées	Carbonate de chaux	Phosph. de chaux.
Tangue de la rivière de Landerneau.	6.86 0/0	14.40 0/0	»
Tangue de la rivière du Faou......	5.40 0/0	2.40 0/0	'

2° Le *Trez*, un peu plus grossier que la tangue, contient aussi de l'azote en quantité variable.

	Matières azotées	Carbonate de chaux	Phosph. de chaux
Trez de la rade de Brest	traces	70.00 0/0	0.95 0/0
— de Douarnenez	traces	45.00 0/0	»
— de Roscoff.........	3.50 0/0	63.00 0/0	0.90 0/0

3° *Maërl*, nommé aussi sable vermiculaire, se présente sous forme de concrétion de dimensions et de formes variables rappelant les excrétions des lombrics ou verre de ters.

	Matières azotées	Carbonate de chaux	Phosph. de chaux
Maërls (Parize) rivière de Morlaix...	0.13 0/0	51.50 0/0	2.00 0/0
— — de Quimper..	2.50 0/0	77.00 0/0	»

4° *Sable calcaire* ; il est, en général, le résultat de la pulvérisation des coquilles par les galets du rivage ; il existe principalement au Pouldu en grands amas de richesse variable. L'attention a été fixée sur ce point par M. Thomas, professeur de chimie au Lézardeau. Le prix du mètre cube, environ 1 tonne et demie, est de 2 fr. 50 en moyenne.

ANALYSE

	Matières azotées	Carbonate de chaux	Phosphate de chaux
Sables calcaires de Locquirec.......	»	60.00 0/0	»
— du Conquet........	»	27.00 0/0	»
— (Thomas) du Pouldu.	»	70.00 0/0	»

Le nombre des estuaires où les cultivateurs viennent s'approvisionner dépasse 40 ; mais les plus importants sont les ports de Morlaix, Roscoff, Laber, Lanildut, Camaret, Daoulas, Le Faou, Port-Launay, Douarnenez, Pont-l'Abbé, Concarneau, Pont-Aven, Quimperlé et le total de l'engrais utilisé est de 100.000 tonnes représentant 250.000 francs à la côte et plus du triple à l'intérieur des terres.

L'action des engrais calcaires est, sur les terres du département, de la plus haute importance et leur emploi se répand de plus en plus ; le Conseil général a créé de nombreuses routes pour accéder à la mer et les chemins de fer viendront un jour prochain, permettre les transports de sable jusqu'au centre du pays.

Avec un peu de calcaire on peut avoir des trèfles

et dans un pays d'élevage c'est la possibilité de nourrir, dans chaque ferme, deux ou trois animaux de plus, c'est l'aisance, peut-être la fortune, et il est facile de comprendre l'empressement des cultivateurs qui peuvent aller à la mer et l'attente fiévreuse de ceux qui, pour quelque temps encore, en sont privés.

Chaux. — L'utilité de la chaux est tout aussi connue que celle du sable calcaire et c'est pour obtenir de la chaux à bon marché, dans le centre du département, que l'achèvement du canal de Nantes à Brest a été obtenu par l'insistance de grands propriétaires riverains qui, pendant de nombreuses années, ont donné l'exemple de toutes les améliorations agricoles.

C'est par la chaux que les terres des environs du canal ont été amenées à pouvoir engraisser du bétail lourd.

Les bateaux qui avaient amené la chaux allaient prendre le sable dans la rade de Brest et le distribuaient au retour et il en est résulté une amélioration foncière qui dure encore.

Pendant les dix dernières années l'amélioration produite par les calcaires de toutes sortes a augmenté des 2/5 les surfaces en prairies artificielles.

La chaux vive introduite dans le Finistère en 1892 dépasse 2.000 tonnes.

Plantes marines. — Sur les 600 kilomètres de littoral du Finistère, les gros temps apportent une grande quantité de plantes marines : fucus, varechs, goëmons, qui forment une excellente fumure employée jusqu'à la dose de 25 mètres cubes à l'hectare. A certaines époques, on coupe le goëmon sur les rochers : c'est le goëmon de rive ; le précédent est le goëmon épave.

Les plantes marines ont le grand avantage de fertiliser les terres sans y introduire de mauvaises herbes.

En admettant que les goëmons soient perdus ou manquent sur 200 kilomètres du littoral, il reste établi qu'on les récolte sur 400 kilomètres, à 100 mètres cubes par kilomètre soit, en tout, 40.000 mètres cubes, évaluation un peu faible, mais qui représente cependant 150 à 200.000 francs.

ANALYSES CHIMIQUES FAITES PAR M. LECHARTIER,

SUR DES VARECHS SECS ET FRAIS.

	Varechs secs.	Varechs frais.
Azote.............................	1.33 0/0	0.300 0/0
Acide phosphorique...............	0.53	0.118
Chaux............................	2.30	0.514
Magnésie.........................	1.95	0.435
Potasse	7.99	1.796
Eau..............................	0.00	77.670
Silice...........................	20.00	4.466

Poissons. — Aux environs des fabriques de conserves de sardines, on emploie les différents débris de la préparation et principalement pour la culture maraîchère, directement ou après décomposition.

Dans la baie de Douarnenez on pêche parfois de si grandes quantités d'un petit poisson nommé *sprat*, que les cultivateurs peuvent se le procurer comme engrais au prix de 3 à 5 francs la barrique d'environ 150 kilogrammes. Il arrive même que des bancs en-

tiers sont jetés au rivage, capturés par les cultivateurs et conduits aux champs.

Certaines analyses attribuent à ce produit :

Azote.	Carbonate de chaux.	Phosphate de chaux.
3.8 0/0	7.5 0/0	7.7 0/0

La recherche dont il est l'objet se justifie pleine-
ment puisque, au prix actuel des engrais, les
100 kilogr. vaudraient près de 10 francs.

V. — Outillage.

L'outillage agricole se transforme assez rapidement, certaines régions possèdent tous les instru-
ments perfectionnés, d'autres sont en retard et ne
les acceptent que lentement, mais le progrès n'en
est pas moins facile à constater partout.

Les améliorations du genre de celles-ci s'impo-
sent, mais elles ne sont possibles qu'après les bonnes
années, quand il y a un peu d'argent de reste; pendant
la crise agricole, il ne pouvait guère en être question,
sauf exceptionnellement; depuis, il y a eu de bonnes récoltes et on a amélioré le matériel, mais dans
les pays du pommier, l'anthonome est venu, —
nouvel arrêt. — Actuellement la vente des grains
et des animaux est très mauvaise.

Pourra-t-on profiter du Concours régional pour
faire des achats ?

VI. — Industries annexes.

Il n'existe dans le Finistère aucune féculerie, distillerie, magnanerie, huilerie, sucrerie, vinaigrerie, il n'y a pas non plus de bouilleurs de crus et de sériciculteurs.

Les laiteries industrielles, déjà énumérées, sont installées :

1° au Lézardeau, chez M. Baron, Directeur de l'école pratique d'agriculture ;

2° à Quimperlé, chez MM. Bonneau et Bacon ;

3° à Poullan, chez M. de Penanros, à Penfoënnec ;

4° à Ploaré, chez M. Belbéoc'h, à Keranna ;

5° à Pont-Croix, chez M. du Rest ;

6° à l'école de Kerliver en Hanvec ;

7° à Châteaulin, chez M. Lharidon ;

8° à Plabennec, chez M. Chandora, à Leuhan ;

9° à Morlaix, chez M. Camus ;

10° à Plouigneau, chez Mlle Coativy ;

11° à Plougonven, chez M. Larhantec ;

12° à Scrignac, chez Mlle Le Foll ;

13° à Carhaix, chez M. Camus ;

14° près Morlaix, chez M. Rendu.

Il y a trois ans aucune de ces usines n'existait ; toutes emploient la méthode danoise et travaillent toute l'année. Le beurre obtenu est d'excellente qualité, sa quantité varie suivant l'abondance ou la rareté de l'herbe. Le prix moyen de l'écrémage du lait approche de 0 fr. 10 par litre ; il faut 24 litres pour obtenir 1 kilogramme de beurre.

Les déchets sont employés à la nourriture de

l'homme ou des animaux, ils sont estimés à 0 fr. 05 le litre; leur vente, même après la pasteurisation, est difficile.

Les débouchés varient. Certaines usines vendent sur place, d'autres expédient par colis postaux, d'autres vendent en gros, soit à des syndicats, soit sur les marchés de Paris, de Londres et de l'ouest de l'Angleterre où elles luttent contre les produits d'origine similaire, danoise principalement.

Une exposition laitière ouverte il y a deux ans à Quimperlé, a mis sous les yeux de nombreux cultivateurs l'outillage moderne et non sans succès; en 1892, une nouvelle exposition a été faite à Morlaix et il y a lieu d'en espérer un résultat favorable; mais dès aujourd'hui il semble certain que la mesure la plus propre pour favoriser l'industrie laitière serait la création d'un service rapide entre la côte du Finistère et les ports anglais du sud et de l'ouest.

L'initiative que vient de prendre à ce sujet, M. Le Roux, consul de France à Manchester, avec l'appui de M. de Kerjégu, député du Finistère, permet d'espérer la solution prochaine de cette question.

Dans certaines usines le personnel de la ferme suffit à fort peu près à l'exploitation; dans quelques autres il y a un excédent de main-d'œuvre difficile à relever : une moyenne de trois ouvriers à l'année paraît exacte, avec un salaire de 2 francs par jour, nourriture comprise.

Le capital de début varie de 6 à 12.000 francs, non compris les bâtiments, moteurs à vapeur, etc. En ce qui concerne la situation financière, aucun chiffre ne peut être donné, sur ce point et ce n'est pas particulier à la laiterie, le silence est de règle, mais il est permis de supposer que si l'opération était mauvaise elle ne se développerait pas.

Fromageries. — Des fromageries fonctionnent au Lézardeau, à Kerliver, à Saint-Renan, à Leuhan, à Plouigneau, à Scrignac et des élèves des écoles de Kerliver etc., fabriquent aussi aux environs de Pont-l'Abbé, Châteaulin, etc.

Les variétés produites sont : Camembert, Brie, Void, Pont-l'Evêque, Hollande, Port du Salut.

La consommation locale est très peu importante; cependant elle se développe assez rapidement et dans un avenir prochain les fromageries pourront écouler tous leurs produits sur place.

Apiculture. — L'apiculture est stationnaire; environ 60.000 ruches sont répandues dans le département et leur produit moyen approche de 12 kilogrammes pour chacune, ce qui fait un total de 720,000 kilogrammes miel et cire à 0 fr. 80, soit une valeur de 576.000 francs.

C'est généralement dans les anciennes ruches de paille que l'on élève les abeilles et on les asphyxie pour les dépouiller, procédé barbare qui s'oppose à la multiplication rapide des essaims et à la qualité du miel.

L'établissement des ruches mobiles a été introduit dans diverses localités; il y a lieu de craindre que cet excellent exemple ne se vulgarise que lentement.

Le miel de Bretagne a peu de réputation, la cause principale en est dans sa mauvaise préparation; puis, dit-on, aux fleurs sur lesquelles butinent les

insectes et qui sont les ajoncs, les genêts, les bruyères,
le blé noir, les crucifères ; mais si elles ont été à peu
près les seules il y a longtemps, aujourd'hui on rencontre les trèfles, les pommiers, etc., qui doivent
améliorer la qualité.

Aviculture. — L'aviculture n'offre qu'un article
intéressant : la poule qui existe en grand nombre
sur toutes les fermes et se produit au même prix
que la viande de boucherie.

La variété la plus répandue, et de beaucoup, est
la petite poule du pays, alerte, bonne pondeuse,
bonne couveuse, à chair fine.

Toutes les variétés à gros œufs se rencontrent un
peu partout chez les personnes soigneuses et riches,
mais elles se répandent difficilement, on les accuse
de vite dégénérer ; cependant leurs œufs sont très-
recherchés et se vendent plus cher que ceux de la
poule du pays.

Le Finistère fait un grand commerce d'œufs, c'est
donc un article qui mérite l'attention et les différentes
races ont été étudiées. Pour remédier aux mauvaises
couveuses on emploie les appareils d'éclosion arti-
ficielle et il est regrettable que les soins que néces-
site leur usage ne soient pas toujours bien compris
des domestiques ; mais en somme on n'en obtient
pas toujours satisfaction ; quelques personnes y ont
même renoncé. D'autres, au contraire, en vue du
débouché que nous pouvons avoir en Angleterre font
d'importants élevages de Lansghams destinées à être
mises à la disposition des· fermiers qui voudront
améliorer leur production.

Pisciculture. — Le braconnage est la cause principale de la dépopulation des rivières, dépopulation qui sera bientôt complète, car le prix élevé du poisson constitue une prime qui fait braver la surveillance.

Le service des ponts et chaussées a fait mettre dans l'Aulne d'innombrables saumons qui ont été détruits.

L'école du Lézardeau a également fait de grands efforts pour le repeuplement de la Laita, de l'Ellé et de l'Isole; son laboratoire a régulièrement fonctionné depuis des années et cependant le saumon, l'ombre-chevalier et la truite deviennent de plus en plus rares.

Le Conseil général du Finistère vient de voter des fonds pour l'établissement, dans le bassin de l'Odet et du Stéïr, d'une station de pisciculture qui ne pourra fonctionner qu'en 1894.

De l'avis général, la garde des rivières serait le moyen le plus efficace à employer.

Ostréïculture. — L'ostréïculture se pratique à la côte de l'Océan, principalement dans la rivière de Bélon, dont les produits ont une très grande réputation et sont demandés sur les principaux marchés des plus grandes villes.

La production du naissin est peu importante, les ostréiculteurs du Finistère en achètent la plus grande partie; leur industrie est la préparation pour la vente.

Les eaux de l'Océan donnent aux écailles un poli et une blancheur très appréciés : quant à l'huître elle-même, elle acquiert la plus grande finesse sans jamais aucun goût de vase, etc.

VII. — Améliorations foncières.

Irrigations. — Sur le cours supérieur et moyen des rivières les travaux d'irrigation sont très étendus ; ils consistent généralement en rigoles de déversement qui aux basses eaux agissent par imbibition ; la submersion, au contraire, est effectuée sur la partie inférieure des cours d'eau, elle est accidentelle et souvent plus nuisible qu'utile.

L'irrigation est pratiquée plus ou moins méthodiquement sur 25.000 hectares de prairies et elle augmente leur produit de une tonne de foin par hectare.

Colmatage. — Les eaux de ce département étant rarement assez limoneuses et assez abondantes pour le colmatage n'y sont que très exceptionnellement employées.

Dessèchement. — D'après ce que nous avons vu du régime des eaux, ici le dessèchement est plus utile que l'irrigation et il se pratique, dans la majorité des cas, au moyen de canaux à ciel ouvert ou par des conduites en pierre ou en bois façonnées économiquement. La surface améliorée dépasse 15.000 hectares.

Le *drainage* proprement dit, avec tuyaux de *poterie,* est actuellement peu usité. L'école d'irrigation et de drainage du Lézardeau a vulgarisé tous les travaux d'assainissement ou d'irrigation et dans tous les cantons il en existe des modèles : d'abord le domaine de l'école, ceux de Trévarez, de Leuhan, les terres de MM. Cudennec, à Plabennec, Masson, à Kersaint, Caill, à Plouzévédé, Soubigou, Léost et

Martin, à Plounéventer, Quéinnec, à Guiclan, Landivisiau et Plounéventer, Jaouen, à Riec, etc., etc.

Diverses entreprises nouvelles sont en préparation.

Défrichements. — Ainsi qu'il a été exposé à l'article Terrains incultes, le Finistère a encore des défrichements considérables à opérer, mais ce serait une erreur grave de croire que l'opération de la mise en culture peut être rapide et générale :

1° Il existe principalement sur les Montagnes Noires et d'Arrée des terrains rocheux absolument infertiles ;

2° Souvent à flanc de coteau les pentes sont trop raides pour la conservation en place de la terre arable ; ici le reboisement seul est indiqué.

Dans les terrains en dehors de ces deux classes, le défrichement est possible et dans certaines communes il a été pratiqué sur des surfaces considérables, qui sont actuellement en plein rapport ; malheureusement la terre étant chimiquement incomplète, demande pour produire le complément indispensable d'acide phosphorique et de calcaire, puis une plus ou moins forte proportion de fumier de ferme ; les deux premiers exigent un déboursé important ; quant au fumier, il ne serait pas toujours sage de le disperser : souvent les vieilles terres n'en ont pas assez.

En ce qui concerne les petites parcelles situées près des fermes et souvent enclavées dans les terres en culture, il n'en est plus de même : le défrichement pouvant être fait à temps perdu par le personnel ordinaire, la question d'argent peut être à peu près négligée; reste celle du phosphate et des calcaires; elle est peu importante et avec un peu de soin le fumier de ferme employé sur le défrichement pourra être remplacé. Il y aura donc ici une amélioration durable et elle peut être conseillée.

Pour l'entreprise des travaux plus considérables, il faut d'abord se rendre compte du mode de faire valoir : le faire valoir direct peut permettre certaines dépenses que le fermage ne saurait supporter dans l'immense majorité des cas, surtout avec l'idée que l'augmentation suivra l'amélioration, quand bien même cette augmentation laisserait plus de profit que la situation actuelle.

La question peut être résumée ainsi :

Les terrains rocheux et recouverts d'une mince couche de terre ne sont pas susceptibles de culture.

Les terrains éloignés des fermes et ceux qui sont en pente rapide doivent être réservés au reboisement.

Le défrichement devra immédiatement être accompagné du dessèchement ou arrosage utile et de l'apport de toutes les matières nécessaires à compléter le sol.

Mise en culture des terres incultes. — Quand le terrain le permet on doit faire de la prairie; le sol bien préparé et phosphaté s'enherbe facilement dans le Finistère, pays d'élevage, et rembourse rapidement les dépenses.

Dans les terres de bruyère, tourbeuses, acides, c'est le rutabaga (avec phosphate) qui doit commencer la rotation; on peut le faire suivre d'une avoine et si le calcaire n'a pas été ménagé, mettre un trèfle, puis seigle, racines...

Dans les bonnes terres, qui n'attendaient que la main du laboureur, on peut encore commencer par rutabagas, puis avoine ou orge, racines, froment, trèfle...

Plantation d'arbres fruitiers. — Le pommier à cidre occupe dans les arrondissements de Châteaulin, Quimper et Quimperlé des surfaces considérables et donne d'excellents produits. En temps ordinaire, on le considérait comme produisant une bonne récolte tous les deux ans; depuis plusieurs années il n'avait à peu près rien donné, excepté dans le canton de Fouesnant et quelques parties de Quimperlé. L'anthonome avait ravagé toutes les autres localités.

L'année 1892 a été bonne presque partout; elle produira 600.000 hectolitres de cidre, à 10 francs, soit 6.000.000 de francs. 1893 vaudra beaucoup moins.

Les plantations sont de plus en plus nombreuses en Cornouaille; le Léon hésite à les commencer; dans cette région les pommiers sont encore très rares.

Le *pommier* à couteau est assez répandu et ses produits recherchés; les variétés de rainettes réussissent difficilement.

Le *poirier* pour le pressoir n'existe pas.

Le *poirier* à couteau se rencontre en abondance aux environs des villes. Ses fruits sont très savoureux et se vendent bien. Aux environs de Douarnenez et dans les environs de Brest, Morlaix, Saint-Pol et

Quimperlé, il existe des jardins fruitiers qui constituent une véritable industrie et les plantations sont en grand progrès.

Le *cerisier* est planté sur le littoral de Quimperlé au Faou. Le fruit demandé pour la production du kirsch, comme pour la consommation directe, est l'objet d'un assez grand commerce qui active les plantations.

Le *prunier* occupe à peu près les mêmes localités que le cerisier. Les variétés produites sont communes, elles s'exportent en partie dans le Léon.

Sur l'ensemble des arbres fruitiers, la plantation est en progrès; la production a augmenté d'un quart depuis 10 ans.

Reboisements. — Les reboisements ne sont pas d'introduction récente dans le Finistère; ils ont été pratiqués en grand vers 1823 et le sujet le plus généralement choisi a été le pin maritime qui était du reste, dans son climat.

Vers 1845 on avait déjà pu s'apercevoir que comme bois de charpente, il ne valait rien et que comme chauffage, il était fort médiocre et qu'en somme on le vendait mal.

Il en est résulté qu'on a cessé de planter et que la vente pour poteaux de mine qui se produit depuis vingt-cinq ans n'a pas suffi à activer le reboisement qui est cependant fort utile, mais a le grave inconvénient d'être un placement d'argent à trop longue échéance.

A côté du pin maritime, on rencontre le Riga, le Weymouth, le sapin argenté, le sapin de Douglas, quelques mélèzes et des chênes, hêtres, châtaigniers.

Les résineux se plantent : 1° sur des bandes de terre retournées à la charrue et espacées de deux mètres. Certains propriétaires ont planté sur la bande, d'autres dans la raie en rabattant un peu de la bande pour recouvrir la semence et le résultat a été variable : les années sèches, le plant meurt sur la bande et réussit dans la raie ; les années humides, le plant est mort dans la raie et a réussi sur la bande.

L'étude du terrain s'impose donc ici comme dans toutes les cultures.

2° On lève une motte de terre à la houe et on la laisse retomber sur la graine.

3° On sème sur bandes ameublies par des bêchages légers, successifs.

4° Des propriétaires se sont contentés de jeter la semence à la volée, sur la lande, sans préparation aucune et par ce moyen économique sont arrivés à de très bons résultats en ne dépensant pas 30 francs à l'hectare (18 à 20 kilogrammes de semence).

Le produit annuel du reboisement varie de 15 à 30 francs l'hectare.

Bâtiments ruraux. — Les bâtiments ruraux se transforment ; beaucoup remontent à l'époque de la Renaissance et sont caractérisés par une porte surmontée d'une accolade. Le bâtiment est sans étage ; le rez-de-chaussée, bas de plafond, se compose de deux grandes pièces contre lesquelles se développent les étables et écuries, et le hangar qui abrite les plantes fourragères. Dans les pays à cidre le pressoir est contenu dans une construction spéciale. Les pailles et foins sont en meules près des bâtiments

Sous le toit, bien souvent couvert de chaume, se trouve un grenier plus ou moins étendu.

Les constructions de cette époque sont donc composées d'un étroit corps de bâtiment plus ou moins long suivant les besoins de l'exploitation.

Les constructions annexes, en retour du corps de ferme, sont toujours des additions nécessitées par l'augmentation des récoltes.

La tendance actuelle indique une beaucoup plus grande entente de l'hygiène et du bien-être : l'habitation proprement dite comprend : au rez-de-chaussée deux pièces largement aérées, au premier étage, deux autres pièces très saines et sur le tout un grenier mansardé.

Les étables sont ordinairement écartées de quelques mètres de la maison et leur construction laisse souvent à désirer par le peu de clarté et de salubrité. La transformation de ces derniers bâtiments est beaucoup moins rapide que celle de l'habitation humaine.

Dans les constructions neuves comme dans les anciennes on a oublié la laiterie, le plus souvent ; où l'on en établit, c'est ordinairement dans un appentis pacé au nord de la maison.

Quelques fermes ne laissent rien à désirer sur ce point, leurs installations sont parfaites et serviront de modèles aux environs.

VIII. — Économie rurale.

LA PROPRIÉTÉ.

À la côte la grande propriété commence à 15 hectares, la moyenne à 5, la *petite* est au-dessous de 5, principalement dans les terres fertiles où elle comporte des locations faites par la population maritime, les ouvriers ruraux et les maraîchers de Roscoff, Saint-Pol, Brest, Douarnenez, Plougastel, etc., etc.

La moyenne propriété se trouve dans le Léon et le Trégorrois à l'état de majorité et aussi dans la Cornouaille.

La propriété dépassant 15 hectares est plus rare dans le Léon que dans les autres régions et notamment en pays montagneux.

La division de la culture est semblable à celle de la propriété et sa distribution est la même.

La présence de couches argileuses à toutes les hauteurs et à très peu de distance les unes des autres, en fournissant l'eau en abondance, a permis à peu près partout l'établissement des fermes; aussi les cultivateurs résident très généralement sur leurs terres, il n'y a pas de temps perdu pour se rendre au travail et c'est là une condition très favorable qui peut faciliter les améliorations.

Le morcellement est très considérable sur le littoral : on y trouve des locations de 1 ou 2 ares; l'éparpillement en est la conséquence, mais il s'agit là d'une agriculture exceptionnelle : la population est nombreuse et chaque ménage veut avoir un petit champ pour la culture indispensable de l'orge et des pommes de terre.

Dans la moyenne culture le morcellement est considérable et souvent il est le résultat ancien du domaine congéable, mais les pièces sont voisines de la ferme.

L'éparpillement est peu développé et cependant ses inconvénients sont bien connus : perte de temps, impossibilité de cultiver à son gré, etc. Malgré cela, il semble bien difficile que la réunion puisse se produire.

L'éparpillement provient des partages de famille ; les raisons bonnes ou mauvaises qui l'ont produit persistent chez les héritiers et ce n'est que dans le cas de ventes forcées que le voisin d'une enclave peut l'acquérir.

Les tendances de la propriété et de la culture, en général, ne sont pas à la division. Dans les partages, si un des enfants peut désintéresser les autres et garder la ferme, il le fait ; quelquefois ce sont 2 ou 3 enfants qui gardent le domaine intact. Malheureusement il est des circonstances où la vente en détail est forcée et il arrive que les parcelles au lieu de se joindre à des fermes voisines restent à de petits propriétaires.

Le nombre des fermiers capables d'exploiter un grand domaine s'accroît de jour en jour et les exemples de division sont relativement assez rares ; mais en résumé, malgré la volonté des cultivateurs du Finistère, la division des terres se poursuit petit à petit.

MODES D'EXPLOITATION

Le métayage est inconnu dans le Finistère et les modes d'exploitation sont les suivants : 1° Faire valoir direct ; 2° fermage ; 3° domaine congéable.

1° Faire valoir direct. — Le faire valoir direct existe dans tout le département, mais prédomine dans le Léon. Les cultivateurs de ce pays sont loin d'être les arriérés et les ignorants dont on parle toujours quand il est question de la Bretagne. Ici les établissements d'instruction sont nombreux et fréquentés et les Léonards ne sont inférieurs à nuls cultivateurs français. Par leur entente de l'élevage des animaux domestiques, l'engraissement du bétail, la production des céréales, etc., ils se sont, depuis longtemps, fait une bonne situation et le Julot, nom par lequel on désigne le propriétaire du Léon, est un homme instruit et énergique, capable de pousser la production de sa région à tout son perfectionnement et qui y arrivera.

Dans la Cornouaille, la vie est moins confortable, mais il n'y manque pas non plus d'agriculteurs instruits et d'anciens élèves d'écoles d'agriculture, qui donnent l'exemple des améliorations à faire et ont une influence heureuse sur le mouvement agricole.

2° *Fermage.* — Le fermage est très répandu et ses clauses généralement simples sont fidèlement observées; les procès entre propriétaires et fermiers sont rares ; cependant une clause très fréquente dans les baux, — mise en culture des landes, — est à peu près inobservée.

Dans la coutume de Cornouaille, à la sortie du fermier, les pailles et fourrages restent sur place. On ne tient compte que du plus ou du moins constaté au moyen de l'état de lieux.

Dans la coutume du Léon la ferme est prise nue et reste nue s'il n'y a pas d'arrangement entre le sortant et l'entrant.

Si dans le Léon la bonne situation financière a

permis aux propriétaires de faire valoir et d'établir leurs enfants, excepté un ou deux qui reprendront la terre, dans des positions diverses, négociants, médecins, notaires, etc., dans les régions moins favorisées on a vendu le patrimoine paternel et chacun avec le produit de son lot a pu prendre une ferme.

3° *Domaine congéable.* — Le domaine congéable est une coutume particulière à la Bretagne bretonnante. Le propriétaire du sol, le *foncier*, donne à bail à un cultivateur, l'*édificier ou domanier*, et moyennant une rente, un terrain déterminé sur lequel le preneur élèvera les édifices nécessaires, fera les plantations, clôtures en en restant propriétaire ; il y a donc dans ce système deux propriétaires : un du fonds, un de la surface.

Le propriétaire du fonds pourra toujours à l'expiration de la convention, renvoyer l'édificier en le remboursant à dire d'experts.

L'édificier peut vendre ses droits à un autre cultivateur, avec l'autorisation du foncier seulement.

Voilà le contrat primitif dans toute sa simplicité ; mais dans la succession des siècles, des conventions souvent compliquées sont intervenues. Dans certains cas, le domanier a stipulé qu'on ne pourrait le rembourser avant un délai de... ; d'autres fois le foncier a stipulé que les plantations lui appartiendraient en tout ou en partie (exemple : dans certains cas, les arbres sont au domanier jusqu'à $0^m 32$ de circonférence ; au foncier, passé ces dimensions) ; de même pour les constructions.

Pour les uns, ces conventions étant librement consenties, doivent être respectées ; pour les autres, le foncier s'est fait la part du lion et une loi est nécessaire pour limiter les contrats.

Cette situation passionne assez peu dans le Finistère.

Les baillées à domaine congéable, autrefois très répandues dans la Cornouaille et les cantons de Lanmeur et Plouigneau dépendant de l'ancien évêché de Tréguier deviennent plus rares. Dans les cantons de l'ouest de Quimper, les domaines congéables existent encore dans la proportion de 20 0/0; dans l'arrondissement de Quimperlé, ils ne dépassent pas 5 0/0 et dans l'arrondissement de Châteaulin leur proportion est entre ces deux limites.

Les relations entre cultivateurs, propriétaires, fermiers ou domaniers sont fréquentes et cordiales. Les foires, les fêtes religieuses, les mariages, etc., sont des occasions de réunion dont on profite avec empressement et en somme, les conditions d'existence sont fort bonnes en ce pays.

A la maison, l'installation s'améliore dans toutes les branches de l'hygiène, le bien-être augmente, et à ce sujet il y a très-peu de différence entre les propriétaires, fermiers ou domaniers exploitant la même étendue, sauf pour les propriétaires du Léon et divers autres, qui possèdent des installations très-confortables.

MAIN D'ŒUVRE

Les *domestiques à gages* se louent à l'année à des époques variables :

En Cornouaille, c'est de la Toussaint à Noël; les

derniers engagements ont lieu au nouvel an et l'entrée en fonctions le 3 janvier.

Dans le Léon, il n'y a pas d'époques fixes.

Les gages varient pour les hommes de 150 à 250 francs et comme le domestique est considéré en beaucoup de circonstances, — logement et nourriture, — comme membre de la famille, on lui accorde gratuitement la réparation de ses effets, le blanchissage, les sabots et la permission d'assister aux fêtes, foires, etc.

Les femmes sont payées de 75 à 150 francs et ont droit aux avantages précités, quelquefois la toile d'une ou deux chemises.

Journaliers. — Le salaire des journaliers est faible : 0 fr. 75, 1 fr. ou 1 fr. 25, nourri, et 0 fr. 50 ou 0 fr. 75 de plus, sans être nourri. Le travail manque souvent en hiver.

Les femmes gagnent en moyenne 0 fr. 60 ou 0 fr. 75 nourries, 1 fr. ou 1 fr. 25 non nourries.

La prise à la tâche est excessivement rare.

Les conditions d'existence des journaliers sont pénibles : généralement ils sont mariés, ont des familles nombreuses, leur régime alimentaire est insuffisant et les expose à la maladie. Le logement consiste en une seule pièce. Le lit est formé de balle d'avoine, de blé ou d'aiguilles de pin. Les habitations sont souvent éloignées des écoles et les enfants ne pouvant être surveillés par leurs parents ne s'y rendent que rarement et restent sans instruction.

Il y a une très grande différence d'existence entre le domestique à gages et le journalier : le premier

est ordinairement célibataire et ses gages lui per-
mettent de s'habiller convenablement, souvent aussi
bien que son maître ; de plus, il fréquente régulièrement les assemblées ; à la ferme, la nourriture est
toujours abondante et le travail n'a rien d'excessif.
Mais quand il se marie, tout change : rarement le
domestique marié reste chez son maître, il devient
journalier et le salaire suffit à peine à payer une
mauvaise nourriture : c'est la gêne constante.

Les gens à gages n'arrivent pas à la propriété.

On entend cependant dire : B.... a été domestique
dans la ferme qu'il cultive et qui est bien à lui, ou
encore, C... était domestique dans la ferme qu'il
cultive et il possède des économies et un beau bétail...

Voici comment ces faits se produisent :

Quand des enfants deviennent orphelins, leur patrimoine est vendu et le capital est placé conformément à la loi. Il est bien rare que des parents ou des
amis ne se chargent pas gratuitement ou à peu près,
— on est très bienfaisant ici, — des pauvres petits
qui dès l'âge de 7 ans touchent un gage et sont en
réalité domestiques ; à leur majorité s'ils s'établis-
sent, c'est avec leur patrimoine, mais pas plus que
les vrais domestiques, leur travail n'a pu les amener
à la propriété.

Si la position des gens à gages n'est pas changée
au point de vue de la création d'un capital qui leur
permettrait de s'élever et leur donnerait l'indépen-
dance, il est incontestable qu'ils ont obtenu au point
de vue du régime et du logement une situation
meilleure.

Dans le Finistère existe un ouvrier rural d'une

condition particulière, c'est le Penn-ty, qui est à la fois journalier, domanier ou fermier, etc...

Ce mot Penn-ty signifie littéralement le chef de la maison ; mais dans la pratique, s'il désigne un homme un peu plus à l'aise que le journalier proprement dit, il désigne encore un homme qui lutte rudement pour l'existence.

Le Penn-ty loue une pièce de terre, souvent de la lande et sur un coin, il se bâtit une cabane, puis il défriche, met quelques pommes de terre, du blé noir, du seigle. Souvent la femme fait les travaux de culture, le mari ne l'aide qu'à ses moments inoccupés ; tant qu'il peut, il travaille dans les fermes voisines. Après un travail opiniâtre, une petite aisance peut arriver, on élève un porc, quelques poules, une vache... et la situation du Penn-ty est certainement meilleure que celle du journalier et s'il avait un capital suffisant, il ferait souvent un bon fermier.

De nombreux cultivateurs mettent à la disposition de leurs ouvriers habituels, des logements avec terrains. Ces locations sont toujours faites à des conditions favorables pour les preneurs.

IX.— Encouragement à l'agriculture et enseignement agricole.

Encouragements de l'État. — Importance et emploi.

Sociétés hippiques.	26.500 ^{fr} » ^{c}
Courses	16.000 »
Concours d'animaux de boucherie. .	7.000 »
Secours aux comices, etc	17.500 »
	67.000 ^{fr} » ^{c}

Dépense totale pour les écoles, traitement des professeurs, bourses, etc. : 196,900 francs.

Encouragements du Département. — Importance et emploi.

Article 12 du budget départemental : 49,800 francs.

Encouragement des Communes.

Les encouragements des communes consistent en indemnités pour les fêtes agricoles. Ces sommes, peu importantes, peuvent être négligées ici en raison même de leur destination.

Statistique des Associations agricoles.

SIÈGE	Nombre d'adhérents.
Société d'agriculture de Brest..............................	241
— de Morlaix...........................	136
— de Châteaulin	158
— de Quimper..........................	100
— de Quimperlé........................	102
— de Carhaix	102

	COMICES	
	Fouesnant...:.....................	70
Arrondissement	Plogastel-Saint-Germain.................	120
de	Douarnenez..........................	62
Quimper.	Pont-Croix...........................	87
	Pont-l'Abbé..........................	174
	Daoulas	40
	Lesneven............................	191
Arrondissement	Landerneau..........................	51
de	Plabennec......	130
Brest.	Ploudiry............................	28
	Saint-Renan........................	45

	COMICES	Nombre d'adhérents.
Arrondissement de Châteaulin.	Châteauneuf...........................	70
	Crozon...............................	28
	Le Faou..............................	93
	Huelgoat.............................	72
	Pleyben..............................	40
Arrondissement de Morlaix.	Lanmeur	64
	Landivisiau..........................	72
	Plonescat............................	48
	Plouzévédé...........................	56
	Saint-Pôl...........................	55
	Saint-Thégonnec......................	90
	Sizun................................	50
	Plouigneau...........................	78
Arrondissement de Quimperlé.	Arzano...............................	48
	Bannalec.............................	90
	Pont-Aven............................	50
	Scaër	42

Le but des sociétés et comices est de favoriser le perfectionnement dans toutes les branches de l'industrie agricole ; les prix de bonne tenue des fermes et de production fourragère sont très disputés. Les expositions chevalines sont de plus en plus nombreuses ; l'espèce bovine est l'objet de moins d'empressement.

Le fonctionnement est très régulier et l'opération la plus importante, — le concours, — rassemble toujours de nombreux spectateurs ; il est d'usage de ne pas se réunir deux fois de suite au même lieu.

Syndicats. — Les syndicats ont été fondés principalement en vue de l'achat, à de bonnes conditions, des engrais ou matières utiles à l'agriculture.

Les plus importants sont ceux de Quimperlé, Brest,

Carhaix ; après viennent Concarneau, Châteaulin, Pleyben, Sizun, Plonéis, etc.

Les syndicats de Berrien, Goulven, Plouégat-Moysan, Plouénan, Plouvorn, Guimiliau, Saint-Derrien et Sainte-Sève, Saint-Pôl et Scrignac, font très peu d'affaires.

Le fonctionnement est aussi simple que possible : le bureau fait les achats, les syndiqués prennent livraison en gare ou dans les magasins et le paiement se fait régulièrement entre les mains du vendeur ou du bureau.

Le budget se compose ordinairement d'une cotisation de 2 francs payée par les syndiqués et destinée à couvrir les menus frais. D'autre fois il n'y a pas de cotisation, le fournisseur fait une remise de 1 ou 2 0/0 qui en tient lieu.

Les syndicats subissent actuellement un temps d'arrêt et même de recul dû à l'activité des négociants qui, dans certains cas, font des offres de crédit irrésistibles ou bien encore des prix avantageux.

Quelques-uns présentent des marchandises à bas titre et à bas prix. La première condition est bien souvent négligée du cultivateur et la deuxième le séduit. Beaucoup de cultivateurs font leurs achats sous la protection de la loi du 4 février 1888 et font faire des analyses ; mais la foule est loin d'être là, et cependant le Conseil général du Finistère vote tous les ans la somme nécessaire à l'exécution gratuite des analyses ; d'un autre côté, tous les journaux de la région ont parlé des abus qui peuvent se produire dans le commerce des engrais et, enfin, le Professeur départemental d'agriculture a exposé cette question dans ses conférences et en toute occasion ; malgré cela beaucoup de cultivateurs achètent au hasard et même à des inconnus qui ne méritent en rien le nom de négociants.

Si jusqu'alors l'indifférence du plus grand nombre pour l'analyse est insurmontable, il ne faut pas pour cela renoncer à la lutte et il est peut-être possible d'arriver à un bon résultat par le moyen suivant :

1° Faire afficher à la porte des magasins, la composition des engrais ;

2° Faire prélever, à l'improviste, des échantillons (comme on opère pour les pharmacies et les épiceries) à fins d'analyses et punir le trompeur.

Deux syndicats ne se sont pas contentés de faire des achats ; ils se sont constitués en syndicats de vente : le premier, à Sizun, a expédié du bétail sur Paris en vue de soutenir un marché local très important que des intérêts différents voulaient déplacer. Les syndiqués ont eu gain de cause. Le second a été créé à Plougastel-Daoulas pour la vente des fraises en Angleterre ; les négociants ou producteurs syndiqués adressent leurs marchandises dans un port anglais et de là leur mandataire les réexpédie sur le point le plus favorable.

ENSEIGNEMENT AGRICOLE PUBLIC ET PRIVÉ

École pratique d'agriculture. — Une école pratique d'agriculture est établie au Lézardeau, près Quimperlé ; elle est admirablement placée et l'enseignement s'y donne conformément au programme ministériel. Au point de vue de l'industrie laitière, le

Lézardeau est parfaitement installé, on y entretient 110 vaches.

Cette école a produit beaucoup des bons cultivateurs du pays.

École pratique de laiterie pour les jeunes filles. — Cette école est située à Kerliver, commune de Hanvec. Son enseignement est très apprécié des parents, parce que les élèves restent soumises, pour le vêtement et l'alimentation, au régime de la famille bretonne et ne recherchent nullement les emplois au loin.

La directrice, Mlle Couturier, a obtenu, au dernier concours de Paris, 5 médailles pour sa bonne fabrication.

École normale d'instituteurs. — Les deux années qui suivent le cours d'agriculture, comprennent 45 élèves.

Lycée de Quimper. — Les classes de 5e et 6e modernes fournissent au cours d'agriculture 14 élèves.

Collège de Morlaix. — 25 élèves suivent les cours de M. Libert.

Fin 1893, le collège de Morlaix possèdera un cours d'agriculture et de laiterie complété par une ferme modèle d'environ 10 hectares.

Écoles primaires. — 6.055 garçons suivent les cours d'agriculture.

Écoles privées. — 1.160.

Conférences aux adultes. — 36 conférences publiques ont été faites pendant l'année 1892-1893; elles ont réuni un total de 2.530 auditeurs, soit une moyenne de 70. Dans 2 cantons : Lesneven et Rosporden, elles n'ont pu avoir lieu par suite du mauvais choix du jour ; à Landerneau, la conférence sur l'industrie laitière a été redemandée par le comice.

Les principaux sujets traités ont été les suivants : préparation des semences, amélioration des animaux domestiques, syndicats, industrie laitière, maladies des végétaux, engrais de ferme et de commerce, nécessité de l'analyse chimique, extension des cultures fourragères.

Laboratoires et stations agronomiques. — Deux laboratoires et stations agronomiques existent dans le Finistère :

1º Au Lézardeau, sous la direction de M. Paturel, professeur de chimie à l'école pratique d'agriculture ;

2º A Morlaix, sous la direction de M. Libert, professeur au Collège.

Champs d'expériences. — Des champs d'expérience sont placés près des laboratoires et dirigés par MM. Paturel et Libert.

Champs de démonstration. — Les champs de démonstration sont dans une période de transformation ; au nombre de 58 en 1891 et représentant une superficie d'environ 60 hectares, ils ont eu pour objet : 1º la production des céréales, pommes de terre et racines à grand rendement ; 2º l'emploi des engrais complémentaires ; 3º le sulfatage des pommes de terre et des arbres fruitiers.

La dépense annuelle a été du cinquième de la subvention départementale et de somme égale accordée par l'État.

Au début l'installation des champs de démonstration a été difficile et, pendant plusieurs années, certains cantons n'ont pas pu trouver le terrain nécessaire sous prétexte de tracasseries qui pouvaient se produire pour la tenue des champs lors des semailles, récoltes, etc....

L'évènement ayant, au contraire, démontré que tout se passait au mieux des intérêts du cultivateur, les demandes sont devenues très nombreuses et l'impossibilité de satisfaire à tous les désirs ayant causé des mécontentements, le Conseil général a pensé qu'il serait bon de laisser aux sociétés d'agriculture le soin d'installer leurs champs de démonstration au mieux de leurs intérêts.

Les choses en sont là ; les renseignements ne peuvent encore être recueillis ; mais, dans le cours de l'année, la situation sera connue et proposition sera faite si une modification est nécessaire.

Froments ensemencés. — Bordeaux, Kissengland, Australie, Goldentrop, Dattel, Shireff, Saint-Laud, Noë, Bergues, Lamed, Montagnard. Le Bordeaux reste préféré, après vient le Kissengland.

Seigles. — Du pays et Schlanstedt. Ce dernier, après avoir bien réussi, dégénère ; il est à peu près délaissé.

Orges. — Du pays, à 2 rangs ; orges de brasserie. Ces dernières ont assez bien réussi, mais la difficulté de la vente en empêche la culture.

Avoines.— Du pays, grise et noire, de Hongrie, de Ligouwo ; la dégénérescence rapide de ces deux dernières espèces en limite l'emploi, le commerce les refuse souvent.

Pommes de terre. — Early rose, Institut, magnum bonum, Aspasia, Simson, Richter, Imperator, Géante bleue, Merveille d'Amérique, Canada, Tanguy, Cam plad, etc., etc.

La magnum bonum est préférée. Son exportation facile sur l'Angleterre justifie ce choix.

Engrais chimiques. — Nitrate de soude, guano, superphosphates, phosphates.

Amendements. — Chaux et sable calcaire.

———————

La présente notice serait incomplète s'il n'était fait mention de la culture maraichère qui est pratiquée vers Saint-Pol et Roscoff, Brest, Plougastel-Daoulas, Douarnenez et Pont-l'Abbé sur une étendue de plus de 10.000 hectares.

Cette culture est appelée à un grand avenir, les terres qui lui conviennent s'étendent à la côte, sur plus de 400 kilomètres de longueur et une largeur dépassant 1 kilomètre, soit au moins 50.000 hectares.

Le groupe le plus important de maraîchers est établi dans les communes de Roscoff, Saint-Pol, Plouescat, Sibiril, Taulé, Carantec, Henvic.

Les principaux produits sont : le chou-fleur, l'artichaut, l'oignon, la pomme de terre et l'asperge ; les débouchés en France sont Paris et toutes les villes de l'Ouest ; en Angleterre : Londres, Birmingham, Manchester, Liverpool et toutes les villes du Sud.

La vente se fait à crédit à des hommes qui à la tête des Compagnies recrutées, vont offrir aux consommateurs et généralement font de bonnes affaires.

L'hectare de terre à Roscoff atteint le prix de 15.000 francs et le loyer annuel 6 et même 700 francs.

Aux environs de Brest la culture maraîchère est très développée et ne diffère que très peu de celle des environs des grandes villes.

La production en serres s'y développe beaucoup.

Plougastel-Daoulas est situé dans une presqu'île avancée dans la rade de Brest. Cette localité extrêmement industrieuse a su obtenir d'un sol en grande partie médiocre des récoltes d'une excellente vente. On doit citer en première ligne, les fraises dont la production est d'environ 1.200.000 kilogr. vendus à 0 fr. 50 l'un.

Les affaires de Plougastel avec l'Angleterre étant plus importantes qu'avec la France, les cultivateurs ont formé, en 1892, un syndicat qui entretient à Southampton un délégué chargé de recevoir les marchandises à l'arrivée et de les diriger au mieux des intérêts de l'association.

De plus ils produisent en hiver de la laitue blonde très estimée des Anglais. Au printemps, de la rhubarbe, des groseilles à maquereau, des pommes de terre.

Il y a dans Plougastel des terrains estimés 12.000 fr. l'hectare; mais les terrains à fraises valent beaucoup moins; ils sont secs et pierreux.

Les environs de Douarnenez produisent en grande abondance les choux, petits pois, carottes, salades, pommes de terre hâtives, fruits, oignons, poireaux, etc... et en approvisionnent non seulement les villes voisines, mais même celles du centre dans certains cas.

Il y a en ce pays une superproduction qui avilit les prix sur place et si la ligne projetée de vapeurs rapides pour l'Angleterre atterrit à Douarnenez, les cultivateurs sont tout disposés à produire tout ce qui s'exporte.

Le maximum du prix des terres aux environs de Douarnenez est de 12.000 francs l'hectare; dans le fond de la baie il va à 7.500 francs.

La région de Pont-l'Abbé, Loctudy, etc..., n'est pas moins productive que la précédente et son exportation en pommes de terre seulement (magnum bonum) a dépassé 7.000 tonnes en 1892. Par chemin de fer les envois ont été sensiblement de même importance et le pays est très largement approvisionné.

Les petits pois peuvent y être l'objet d'une grande culture, mais les conditions de la vente pour fabrication des conserves n'y sont pas très favorables.

Ici encore l'amélioration des transports pour l'Angleterre s'impose.

En résumé, le département du Finistère pourvoit largement à la nourriture de ses 725.000 habitants; il exporte des céréales, fruits, légumes et un grand nombre de chevaux et de bestiaux; toutes les améliorations agricoles y sont connues et se développeraient rapidement avec la facilité des débouchés.

Le Professeur départemental d'agriculture,

L. CHEVALIER.

www.ingramcontent.com/pod-product-compliance
Lightning Source LLC
Chambersburg PA
CBHW070819210326
41520CB00011B/2020